中华人民共和国广告法 广告绝对化用语执法指南

中国法制出版社

中华人民共和国广告法

广告绝对化用语执法指南

ZHONGHUA RENMIN GONGHEGUO GUANGGAOFA

GUANGGAO JUEDUIHUA YONGYU ZHIFA ZHINAN

经销/新华书店

印刷/河北华商印刷有限公司

开本/850 毫米×1168 毫米　32 开　　　　印张/1　字数/15 千

版次/2023 年 4 月第 1 版　　　　　　　　2023 年 4 月第 1 次印刷

中国法制出版社出版

书号 ISBN 978-7-5216-3378-8　　　　　　　　　定价：5.00 元

北京市西城区西便门西里甲 16 号西便门办公区

邮政编码：100053　　　　　　　　　　　传真：010-63141600

网址：http://www.zgfzs.com　　　　编辑部电话：010-63141673

市场营销部电话：010-63141612　　　　印务部电话：010-63141606

（如有印装质量问题，请与本社印务部联系。）

目　　录

中华人民共和国主席令

第八十一号

　　《全国人民代表大会常务委员会关于修改〈中华人民共和国道路交通安全法〉等八部法律的决定》已由中华人民共和国第十三届全国人民代表大会常务委员会第二十八次会议于 2021 年 4 月 29 日通过，现予公布，自公布之日起施行。

　　　　中华人民共和国主席　习近平
　　　　　　　　　　　2021 年 4 月 29 日

全国人民代表大会常务委员会关于修改《中华人民共和国道路交通安全法》等八部法律的决定（节录）

（2021 年 4 月 29 日第十三届全国人民代表大会常务委员会第二十八次会议通过）

第十三届全国人民代表大会常务委员会第二十八次会议决定：

……

四、对《中华人民共和国广告法》作出修改

（一）删去第二十九条中的"并向县级以上地方市场监督管理部门办理广告发布登记"。

（二）删去第五十五条第三款、第五十七条、第五十八条第三款中的"吊销广告发布登记证件"。

（三）删去第六十条。

……

本决定自公布之日起施行。

《中华人民共和国道路交通安全法》、《中华人民共和国消防法》、《中华人民共和国进出口商品检验法》、《中华人民共和国广告法》、《中华人民共和国草原法》、《中华人民共和国民用航空法》、《中华人民共和国海关法》、《中华人民共和国食品安全法》根据本决定作相应修改并对条文顺序作相应调整，重新公布。

中华人民共和国广告法

（1994 年 10 月 27 日第八届全国人民代表大会常务委员会第十次会议通过　2015 年 4 月 24 日第十二届全国人民代表大会常务委员会第十四次会议修订　根据 2018 年 10 月 26 日第十三届全国人民代表大会常务委员会第六次会议《关于修改〈中华人民共和国野生动物保护法〉等十五部法律的决定》第一次修正　根据 2021 年 4 月 29 日第十三届全国人民代表大会常务委员会第二十八次会议《关于修改〈中华人民共和国道路交通安全法〉等八部法律的决定》第二次修正）

目　　录

第一章　总　　则

第一条　为了规范广告活动，保护消费者的合法权益，促进广告业的健康发展，维护社会经济秩序，制定本法。

第二条　在中华人民共和国境内，商品经营者或者服务提供者通过一定媒介和形式直接或者间接地介绍自己所推销的商品或者服务的商业广告活动，适用本法。

本法所称广告主，是指为推销商品或者服务，自行或者委托他人设计、制作、发布广告的自然人、法人或者其他组织。

本法所称广告经营者，是指接受委托提供广告设计、制作、代理服务的自然人、法人或者其他组织。

本法所称广告发布者，是指为广告主或者广告主委托的广告经营者发布广告的自然人、法人或者其他组织。

本法所称广告代言人，是指广告主以外的，在广告中以自己的名义或者形象对商品、服务作推荐、证明的自然人、法人或者其他组织。

第三条　广告应当真实、合法，以健康的表现形式表达广告内容，符合社会主义精神文明建设和弘扬中华民族优秀传统文化的要求。

第四条　广告不得含有虚假或者引人误解的内容，不得欺骗、误导消费者。

广告主应当对广告内容的真实性负责。

第五条　广告主、广告经营者、广告发布者从事广告活动，应当遵守法律、法规，诚实信用，公平竞争。

第六条　国务院市场监督管理部门主管全国的广告监督管理工作，国务院有关部门在各自的职责范围内负责广告管理相关工作。

县级以上地方市场监督管理部门主管本行政区域的广告监督管理工作，县级以上地方人民政府有关部门在各自的职责范围内负责广告管理相关工作。

第七条　广告行业组织依照法律、法规和章程的规定，制定行业规范，加强行业自律，促进行业发展，引导会员依法从事广告活动，推动广告行业诚信建设。

第二章　广告内容准则

第八条　广告中对商品的性能、功能、产地、用途、质量、成分、价格、生产者、有效期限、允诺等或者对服务的内容、提供者、形式、质量、价格、允诺等有表示的，应当准确、清楚、明白。

广告中表明推销的商品或者服务附带赠送的，应当明示所附带赠送商品或者服务的品种、规格、数量、期限和方式。

法律、行政法规规定广告中应当明示的内容，应当显著、清晰表示。

第九条　广告不得有下列情形：

（一）使用或者变相使用中华人民共和国的国旗、国歌、国徽，军旗、军歌、军徽；

（二）使用或者变相使用国家机关、国家机关工作人员的名义或者形象；

（三）使用"国家级"、"最高级"、"最佳"等用语；

（四）损害国家的尊严或者利益，泄露国家秘密；

（五）妨碍社会安定，损害社会公共利益；

（六）危害人身、财产安全，泄露个人隐私；

（七）妨碍社会公共秩序或者违背社会良好风尚；

（八）含有淫秽、色情、赌博、迷信、恐怖、暴力的内容；

（九）含有民族、种族、宗教、性别歧视的内容；

（十）妨碍环境、自然资源或者文化遗产保护；

（十一）法律、行政法规规定禁止的其他情形。

第十条 广告不得损害未成年人和残疾人的身心健康。

第十一条 广告内容涉及的事项需要取得行政许可的，应当与许可的内容相符合。

广告使用数据、统计资料、调查结果、文摘、引用语等引证内容的，应当真实、准确，并表明出处。引证内容有适用范围和有效期限的，应当明确表示。

第十二条 广告中涉及专利产品或者专利方法的，应当标明专利号和专利种类。

未取得专利权的，不得在广告中谎称取得专利权。

禁止使用未授予专利权的专利申请和已经终止、撤销、无效的专利作广告。

第十三条 广告不得贬低其他生产经营者的商品或者服务。

第十四条 广告应当具有可识别性，能够使消费者辨明其为广告。

大众传播媒介不得以新闻报道形式变相发布广告。通过大众传播媒介发布的广告应当显著标明"广告"，与其他非广告信息相区别，不得使消费者产生误解。

广播电台、电视台发布广告，应当遵守国务院有关部门关于时长、方式的规定，并应当对广告时长作出明显提示。

第十五条 麻醉药品、精神药品、医疗用毒性药品、放射性药品等特殊药品，药品类易制毒化学品，以及戒毒治疗的药品、医疗器械和治疗方法，不得作广告。

前款规定以外的处方药，只能在国务院卫生行政部门和国务院药品监督管理部门共同指定的医学、药学专业刊物上作广告。

第十六条 医疗、药品、医疗器械广告不得含有下列内容：

（一）表示功效、安全性的断言或者保证；

（二）说明治愈率或者有效率；

（三）与其他药品、医疗器械的功效和安全性或者其他医疗机构比较；

（四）利用广告代言人作推荐、证明；

（五）法律、行政法规规定禁止的其他内容。

药品广告的内容不得与国务院药品监督管理部门批准的说明书不一致，并应当显著标明禁忌、不良反应。处方药广告应当显著标明"本广告仅供医学药学专业人士阅读"，非处方药广告应当显著标明"请按药品说明书或者在药师指导下购买和使用"。

推荐给个人自用的医疗器械的广告，应当显著标明"请仔细阅读产品说明书或者在医务人员的指导下购买和使用"。医疗器械产品注册证明文件中有禁忌内容、注意事项的，广告中应当显著标明"禁忌内容或者注意事项详见说明书"。

第十七条 除医疗、药品、医疗器械广告外，禁止其他任何广告涉及疾病治疗功能，并不得使用医疗用语或者易使推销的商品与药品、医疗器械相混淆的用语。

第十八条 保健食品广告不得含有下列内容：

（一）表示功效、安全性的断言或者保证；

（二）涉及疾病预防、治疗功能；

（三）声称或者暗示广告商品为保障健康所必需；

（四）与药品、其他保健食品进行比较；

（五）利用广告代言人作推荐、证明；

（六）法律、行政法规规定禁止的其他内容。

保健食品广告应当显著标明"本品不能代替药物"。

第十九条 广播电台、电视台、报刊音像出版单位、互联网信息服务提供者不得以介绍健康、养生知识等形式变相发布医疗、药品、医疗器械、保健食品广告。

第二十条 禁止在大众传播媒介或者公共场所发布声称全部或者部分替代母乳的婴儿乳制品、饮料和其他食品广告。

第二十一条 农药、兽药、饲料和饲料添加剂广告不得含有下列内容：

（一）表示功效、安全性的断言或者保证；

（二）利用科研单位、学术机构、技术推广机构、行业协会或者专业人士、用户的名义或者形象作推荐、证明；

（三）说明有效率；

（四）违反安全使用规程的文字、语言或者画面；

（五）法律、行政法规规定禁止的其他内容。

第二十二条 禁止在大众传播媒介或者公共场所、公共交通工具、户外发布烟草广告。禁止向未成年人发送任何形式的烟草广告。

禁止利用其他商品或者服务的广告、公益广告，宣传烟草制品名称、商标、包装、装潢以及类似内容。

烟草制品生产者或者销售者发布的迁址、更名、招聘等启事中，不得含有烟草制品名称、商标、包装、装潢以及类似内容。

第二十三条 酒类广告不得含有下列内容：

（一）诱导、怂恿饮酒或者宣传无节制饮酒；

（二）出现饮酒的动作；

（三）表现驾驶车、船、飞机等活动；

（四）明示或者暗示饮酒有消除紧张和焦虑、增加体力等功效。

第二十四条 教育、培训广告不得含有下列内容：

（一）对升学、通过考试、获得学位学历或者合格证书，或者对教育、培训的效果作出明示或者暗示的保证性承诺；

（二）明示或者暗示有相关考试机构或者其工作人员、考试命题人员参与教育、培训；

（三）利用科研单位、学术机构、教育机构、行业协会、专业人士、受益者的名义或者形象作推荐、证明。

第二十五条 招商等有投资回报预期的商品或者服务广告，应当对可能存在的风险以及风险责任承担有合理提示或者警示，并不得含有下列内容：

（一）对未来效果、收益或者与其相关的情况作出保证性承诺，明示或者暗示保本、无风险或者保收益等，国家另有规定的除外；

（二）利用学术机构、行业协会、专业人士、受益者的名义或者形象作推荐、证明。

第二十六条 房地产广告，房源信息应当真实，面积应当表明为建筑面积或者套内建筑面积，并不得含有下列内容：

（一）升值或者投资回报的承诺；

（二）以项目到达某一具体参照物的所需时间表示项目位置；

（三）违反国家有关价格管理的规定；

（四）对规划或者建设中的交通、商业、文化教育设施以及其他市政条件作误导宣传。

第二十七条 农作物种子、林木种子、草种子、种畜禽、水产苗种和种养殖广告关于品种名称、生产性能、生长量或者产量、品质、抗性、特殊使用价值、经济价值、适宜种植或者养殖的范围和条件等方面的表述应当真实、清楚、明白，并不得含有下列内容：

（一）作科学上无法验证的断言；

（二）表示功效的断言或者保证；

（三）对经济效益进行分析、预测或者作保证性承诺；

（四）利用科研单位、学术机构、技术推广机构、行业协会或者专业人士、用户的名义或者形象作推荐、证明。

第二十八条 广告以虚假或者引人误解的内容欺骗、误导消费者的，构成虚假广告。

广告有下列情形之一的，为虚假广告：

（一）商品或者服务不存在的；

（二）商品的性能、功能、产地、用途、质量、规格、成分、价格、生产者、有效期限、销售状况、曾获荣誉等信息，或者服务的内容、提供者、形式、质量、价格、销售状况、曾获荣誉等信息，以及与商品或者服务有关的允诺等信息与实际情况不符，对购买行为有实质性影响的；

（三）使用虚构、伪造或者无法验证的科研成果、统计资料、调查结果、文摘、引用语等信息作证明材料的；

（四）虚构使用商品或者接受服务的效果的；

（五）以虚假或者引人误解的内容欺骗、误导消费者的其他情形。

第三章 广告行为规范

第二十九条 广播电台、电视台、报刊出版单位从事广告发布业务的，应当设有专门从事广告业务的机构，配备必要的人员，具有与发布广告相适应的场所、设备。

第三十条 广告主、广告经营者、广告发布者之间在广告活动中应当依法订立书面合同。

第三十一条 广告主、广告经营者、广告发布者不得在广告活动中进行任何形式的不正当竞争。

第三十二条 广告主委托设计、制作、发布广告，应当委托具有合法经营资格的广告经营者、广告发布者。

第三十三条 广告主或者广告经营者在广告中使用他人名义或者形象的，应当事先取得其书面同意；使用无民事行为能力人、限制民事行为能力人的名义或者形象的，应当事先取得其监护人的书面同意。

第三十四条 广告经营者、广告发布者应当按照国家有关规定，建立、健全广告业务的承接登记、审核、档案管理制度。

广告经营者、广告发布者依据法律、行政法规查验有关证明文件，核对广告内容。对内容不符或者证明文件不全的广告，广告经营者不得提供设计、制作、代理服务，广告发布者不得发布。

第三十五条 广告经营者、广告发布者应当公布其收费标准和收费办法。

第三十六条 广告发布者向广告主、广告经营者提供的覆盖率、收视率、点击率、发行量等资料应当真实。

第三十七条　法律、行政法规规定禁止生产、销售的产品或者提供的服务，以及禁止发布广告的商品或者服务，任何单位或者个人不得设计、制作、代理、发布广告。

第三十八条　广告代言人在广告中对商品、服务作推荐、证明，应当依据事实，符合本法和有关法律、行政法规规定，并不得为其未使用过的商品或者未接受过的服务作推荐、证明。

不得利用不满十周岁的未成年人作为广告代言人。

对在虚假广告中作推荐、证明受到行政处罚未满三年的自然人、法人或者其他组织，不得利用其作为广告代言人。

第三十九条　不得在中小学校、幼儿园内开展广告活动，不得利用中小学生和幼儿的教材、教辅材料、练习册、文具、教具、校服、校车等发布或者变相发布广告，但公益广告除外。

第四十条　在针对未成年人的大众传播媒介上不得发布医疗、药品、保健食品、医疗器械、化妆品、酒类、美容广告，以及不利于未成年人身心健康的网络游戏广告。

针对不满十四周岁的未成年人的商品或者服务的广告不得含有下列内容：

（一）劝诱其要求家长购买广告商品或者服务；

（二）可能引发其模仿不安全行为。

第四十一条　县级以上地方人民政府应当组织有关部门加强对利用户外场所、空间、设施等发布户外广告的监督管理，制定户外广告设置规划和安全要求。

户外广告的管理办法，由地方性法规、地方政府规章规定。

第四十二条　有下列情形之一的，不得设置户外广告：

（一）利用交通安全设施、交通标志的；

（二）影响市政公共设施、交通安全设施、交通标志、消防设施、消防安全标志使用的；

（三）妨碍生产或者人民生活，损害市容市貌的；

（四）在国家机关、文物保护单位、风景名胜区等的建筑控制地带，或者县级以上地方人民政府禁止设置户外广告的区域设置的。

第四十三条　任何单位或者个人未经当事人同意或者请求，不得向其住宅、交通工具等发送广告，也不得以电子信息方式向其发送广告。

以电子信息方式发送广告的，应当明示发送者的真实身份和联系方式，并向接收者提供拒绝继续接收的方式。

第四十四条　利用互联网从事广告活动，适用本法的各项规定。

利用互联网发布、发送广告，不得影响用户正常使用网络。在互联网页面以弹出等形式发布的广告，应当显著标明关闭标志，确保一键关闭。

第四十五条　公共场所的管理者或者电信业务经营者、互联网信息服务提供者对其明知或者应知的利用其场所或者信息传输、发布平台发送、发布违法广告的，应当予以制止。

第四章　监督管理

第四十六条　发布医疗、药品、医疗器械、农药、兽药和保健食品广告，以及法律、行政法规规定应当进行审查的其他广告，应当在发布前由有关部门（以下称广告审查机关）对广告内容进行审查；未经审查，不得发布。

第四十七条 广告主申请广告审查，应当依照法律、行政法规向广告审查机关提交有关证明文件。

广告审查机关应当依照法律、行政法规规定作出审查决定，并应当将审查批准文件抄送同级市场监督管理部门。广告审查机关应当及时向社会公布批准的广告。

第四十八条 任何单位或者个人不得伪造、变造或者转让广告审查批准文件。

第四十九条 市场监督管理部门履行广告监督管理职责，可以行使下列职权：

（一）对涉嫌从事违法广告活动的场所实施现场检查；

（二）询问涉嫌违法当事人或者其法定代表人、主要负责人和其他有关人员，对有关单位或者个人进行调查；

（三）要求涉嫌违法当事人限期提供有关证明文件；

（四）查阅、复制与涉嫌违法广告有关的合同、票据、账簿、广告作品和其他有关资料；

（五）查封、扣押与涉嫌违法广告直接相关的广告物品、经营工具、设备等财物；

（六）责令暂停发布可能造成严重后果的涉嫌违法广告；

（七）法律、行政法规规定的其他职权。

市场监督管理部门应当建立健全广告监测制度，完善监测措施，及时发现和依法查处违法广告行为。

第五十条 国务院市场监督管理部门会同国务院有关部门，制定大众传播媒介广告发布行为规范。

第五十一条 市场监督管理部门依照本法规定行使职权，

当事人应当协助、配合,不得拒绝、阻挠。

第五十二条 市场监督管理部门和有关部门及其工作人员对其在广告监督管理活动中知悉的商业秘密负有保密义务。

第五十三条 任何单位或者个人有权向市场监督管理部门和有关部门投诉、举报违反本法的行为。市场监督管理部门和有关部门应当向社会公开受理投诉、举报的电话、信箱或者电子邮件地址,接到投诉、举报的部门应当自收到投诉之日起七个工作日内,予以处理并告知投诉、举报人。

市场监督管理部门和有关部门不依法履行职责的,任何单位或者个人有权向其上级机关或者监察机关举报。接到举报的机关应当依法作出处理,并将处理结果及时告知举报人。

有关部门应当为投诉、举报人保密。

第五十四条 消费者协会和其他消费者组织对违反本法规定,发布虚假广告侵害消费者合法权益,以及其他损害社会公共利益的行为,依法进行社会监督。

第五章 法 律 责 任

第五十五条 违反本法规定,发布虚假广告的,由市场监督管理部门责令停止发布广告,责令广告主在相应范围内消除影响,处广告费用三倍以上五倍以下的罚款,广告费用无法计算或者明显偏低的,处二十万元以上一百万元以下的罚款;两年内有三次以上违法行为或者有其他严重情节的,处广告费用五倍以上十倍以下的罚款,广告费用无法计算或者明显偏低的,处一百万元以上二百万元以下的罚款,可以吊销营业执照,并由广告审查机关撤销广告审查批准文件、一年内不受理其广告审查申请。

医疗机构有前款规定违法行为,情节严重的,除由市场监督管理部门依照本法处罚外,卫生行政部门可以吊销诊疗科目或者吊销医疗机构执业许可证。

广告经营者、广告发布者明知或者应知广告虚假仍设计、制作、代理、发布的,由市场监督管理部门没收广告费用,并处广告费用三倍以上五倍以下的罚款,广告费用无法计算或者明显偏低的,处二十万元以上一百万元以下的罚款;两年内有三次以上违法行为或者有其他严重情节的,处广告费用五倍以上十倍以下的罚款,广告费用无法计算或者明显偏低的,处一百万元以上二百万元以下的罚款,并可以由有关部门暂停广告发布业务、吊销营业执照。

广告主、广告经营者、广告发布者有本条第一款、第三款规定行为,构成犯罪的,依法追究刑事责任。

第五十六条 违反本法规定,发布虚假广告,欺骗、误导消费者,使购买商品或者接受服务的消费者的合法权益受到损害的,由广告主依法承担民事责任。广告经营者、广告发布者不能提供广告主的真实名称、地址和有效联系方式的,消费者可以要求广告经营者、广告发布者先行赔偿。

关系消费者生命健康的商品或者服务的虚假广告,造成消费者损害的,其广告经营者、广告发布者、广告代言人应当与广告主承担连带责任。

前款规定以外的商品或者服务的虚假广告,造成消费者损害的,其广告经营者、广告发布者、广告代言人,明知或者应知广告虚假仍设计、制作、代理、发布或者作推荐、证明的,应当与广告主承担连带责任。

第五十七条 有下列行为之一的，由市场监督管理部门责令停止发布广告，对广告主处二十万元以上一百万元以下的罚款，情节严重的，并可以吊销营业执照，由广告审查机关撤销广告审查批准文件、一年内不受理其广告审查申请；对广告经营者、广告发布者，由市场监督管理部门没收广告费用，处二十万元以上一百万元以下的罚款，情节严重的，并可以吊销营业执照：

（一）发布有本法第九条、第十条规定的禁止情形的广告的；

（二）违反本法第十五条规定发布处方药广告、药品类易制毒化学品广告、戒毒治疗的医疗器械和治疗方法广告的；

（三）违反本法第二十条规定，发布声称全部或者部分替代母乳的婴儿乳制品、饮料和其他食品广告的；

（四）违反本法第二十二条规定发布烟草广告的；

（五）违反本法第三十七条规定，利用广告推销禁止生产、销售的产品或者提供的服务，或者禁止发布广告的商品或者服务的；

（六）违反本法第四十条第一款规定，在针对未成年人的大众传播媒介上发布医疗、药品、保健食品、医疗器械、化妆品、酒类、美容广告，以及不利于未成年人身心健康的网络游戏广告的。

第五十八条 有下列行为之一的，由市场监督管理部门责令停止发布广告，责令广告主在相应范围内消除影响，处广告费用一倍以上三倍以下的罚款，广告费用无法计算或者明显偏低的，处十万元以上二十万元以下的罚款；情节严重的，处广告费用三倍以上五倍以下的罚款，广告费用无法计

18

算或者明显偏低的，处二十万元以上一百万元以下的罚款，可以吊销营业执照，并由广告审查机关撤销广告审查批准文件、一年内不受理其广告审查申请：

（一）违反本法第十六条规定发布医疗、药品、医疗器械广告的；

（二）违反本法第十七条规定，在广告中涉及疾病治疗功能，以及使用医疗用语或者易使推销的商品与药品、医疗器械相混淆的用语的；

（三）违反本法第十八条规定发布保健食品广告的；

（四）违反本法第二十一条规定发布农药、兽药、饲料和饲料添加剂广告的；

（五）违反本法第二十三条规定发布酒类广告的；

（六）违反本法第二十四条规定发布教育、培训广告的；

（七）违反本法第二十五条规定发布招商等有投资回报预期的商品或者服务广告的；

（八）违反本法第二十六条规定发布房地产广告的；

（九）违反本法第二十七条规定发布农作物种子、林木种子、草种子、种畜禽、水产苗种和种养殖广告的；

（十）违反本法第三十八条第二款规定，利用不满十周岁的未成年人作为广告代言人的；

（十一）违反本法第三十八条第三款规定，利用自然人、法人或者其他组织作为广告代言人的；

（十二）违反本法第三十九条规定，在中小学校、幼儿园内或者利用与中小学生、幼儿有关的物品发布广告的；

（十三）违反本法第四十条第二款规定，发布针对不满十四周岁的未成年人的商品或者服务的广告的；

（十四）违反本法第四十六条规定，未经审查发布广告的。

医疗机构有前款规定违法行为，情节严重的，除由市场监督管理部门依照本法处罚外，卫生行政部门可以吊销诊疗科目或者吊销医疗机构执业许可证。

广告经营者、广告发布者明知或者应知有本条第一款规定违法行为仍设计、制作、代理、发布的，由市场监督管理部门没收广告费用，并处广告费用一倍以上三倍以下的罚款，广告费用无法计算或者明显偏低的，处十万元以上二十万元以下的罚款；情节严重的，处广告费用三倍以上五倍以下的罚款，广告费用无法计算或者明显偏低的，处二十万元以上一百万元以下的罚款，并可以由有关部门暂停广告发布业务、吊销营业执照。

第五十九条 有下列行为之一的，由市场监督管理部门责令停止发布广告，对广告主处十万元以下的罚款：

（一）广告内容违反本法第八条规定的；

（二）广告引证内容违反本法第十一条规定的；

（三）涉及专利的广告违反本法第十二条规定的；

（四）违反本法第十三条规定，广告贬低其他生产经营者的商品或者服务的。

广告经营者、广告发布者明知或者应知有前款规定违法行为仍设计、制作、代理、发布的，由市场监督管理部门处十万元以下的罚款。

广告违反本法第十四条规定，不具有可识别性的，或者违反本法第十九条规定，变相发布医疗、药品、医疗器械、保健食品广告的，由市场监督管理部门责令改正，对广告发布者处十万元以下的罚款。

第六十条　违反本法第三十四条规定，广告经营者、广告发布者未按照国家有关规定建立、健全广告业务管理制度的，或者未对广告内容进行核对的，由市场监督管理部门责令改正，可以处五万元以下的罚款。

违反本法第三十五条规定，广告经营者、广告发布者未公布其收费标准和收费办法的，由价格主管部门责令改正，可以处五万元以下的罚款。

第六十一条　广告代言人有下列情形之一的，由市场监督管理部门没收违法所得，并处违法所得一倍以上二倍以下的罚款：

（一）违反本法第十六条第一款第四项规定，在医疗、药品、医疗器械广告中作推荐、证明的；

（二）违反本法第十八条第一款第五项规定，在保健食品广告中作推荐、证明的；

（三）违反本法第三十八条第一款规定，为其未使用过的商品或者未接受过的服务作推荐、证明的；

（四）明知或者应知广告虚假仍在广告中对商品、服务作推荐、证明的。

第六十二条　违反本法第四十三条规定发送广告的，由有关部门责令停止违法行为，对广告主处五千元以上三万元以下的罚款。

违反本法第四十四条第二款规定，利用互联网发布广告，未显著标明关闭标志，确保一键关闭的，由市场监督管理部门责令改正，对广告主处五千元以上三万元以下的罚款。

第六十三条　违反本法第四十五条规定，公共场所的管理者和电信业务经营者、互联网信息服务提供者，明知或者应知广告活动违法不予制止的，由市场监督管理部门没收违法所得，违法所得五万元以上的，并处违法所得一倍以上三倍以下的罚款，违法所得不足五万元的，并处一万元以上五万元以下的罚款；情节严重的，由有关部门依法停止相关业务。

第六十四条 违反本法规定，隐瞒真实情况或者提供虚假材料申请广告审查的，广告审查机关不予受理或者不予批准，予以警告，一年内不受理该申请人的广告审查申请；以欺骗、贿赂等不正当手段取得广告审查批准的，广告审查机关予以撤销，处十万元以上二十万元以下的罚款，三年内不受理该申请人的广告审查申请。

第六十五条 违反本法规定，伪造、变造或者转让广告审查批准文件的，由市场监督管理部门没收违法所得，并处一万元以上十万元以下的罚款。

第六十六条 有本法规定的违法行为的，由市场监督管理部门记入信用档案，并依照有关法律、行政法规规定予以公示。

第六十七条 广播电台、电视台、报刊音像出版单位发布违法广告，或者以新闻报道形式变相发布广告，或者以介绍健康、养生知识等形式变相发布医疗、药品、医疗器械、保健食品广告，市场监督管理部门依照本法给予处罚的，应当通报新闻出版、广播电视主管部门以及其他有关部门。新闻出版、广播电视主管部门以及其他有关部门应当依法对负有责任的主管人员和直接责任人员给予处分；情节严重的，并可以暂停媒体的广告发布业务。

新闻出版、广播电视主管部门以及其他有关部门未依照前款规定对广播电台、电视台、报刊音像出版单位进行处理的，对负有责任的主管人员和直接责任人员，依法给予处分。

第六十八条 广告主、广告经营者、广告发布者违反本法规定，有下列侵权行为之一的，依法承担民事责任：

（一）在广告中损害未成年人或者残疾人的身心健康的；

（二）假冒他人专利的；

（三）贬低其他生产经营者的商品、服务的；

（四）在广告中未经同意使用他人名义或者形象的；

（五）其他侵犯他人合法民事权益的。

第六十九条 因发布虚假广告，或者有其他本法规定的违法行为，被吊销营业执照的公司、企业的法定代表人，对违法行为负有个人责任的，自该公司、企业被吊销营业执照之日起三年内不得担任公司、企业的董事、监事、高级管理人员。

第七十条 违反本法规定，拒绝、阻挠市场监督管理部门监督检查，或者有其他构成违反治安管理行为的，依法给予治安管理处罚；构成犯罪的，依法追究刑事责任。

第七十一条 广告审查机关对违法的广告内容作出审查批准决定的，对负有责任的主管人员和直接责任人员，由任免机关或者监察机关依法给予处分；构成犯罪的，依法追究刑事责任。

第七十二条 市场监督管理部门对在履行广告监测职责中发现的违法广告行为或者对经投诉、举报的违法广告行为，不依法予以查处的，对负有责任的主管人员和直接责任人员，依法给予处分。

市场监督管理部门和负责广告管理相关工作的有关部门

的工作人员玩忽职守、滥用职权、徇私舞弊的，依法给予处分。

有前两款行为，构成犯罪的，依法追究刑事责任。

第六章　附　　则

第七十三条　国家鼓励、支持开展公益广告宣传活动，传播社会主义核心价值观，倡导文明风尚。

大众传播媒介有义务发布公益广告。广播电台、电视台、报刊出版单位应当按照规定的版面、时段、时长发布公益广告。公益广告的管理办法，由国务院市场监督管理部门会同有关部门制定。

第七十四条　本法自 2015 年 9 月 1 日起施行。

国家市场监督管理总局
公　　告

2023 年第 6 号

市场监管总局关于发布
《广告绝对化用语执法指南》的公告

　　《广告绝对化用语执法指南》已经 2023 年 2 月 24 日市场监管总局第 3 次局务会议通过，现予公告。

市场监管总局

2023 年 2 月 25 日

广告绝对化用语执法指南

为规范和加强广告绝对化用语监管执法，有效维护广告市场秩序，保护自然人、法人和其他组织的合法权益，依据《中华人民共和国广告法》（以下简称《广告法》）《中华人民共和国行政处罚法》等法律、法规、规章和国家有关规定，制定本指南。

一、本指南旨在为市场监管部门开展广告绝对化用语监管执法提供指引，供各地市场监管部门在工作中参考适用。

二、本指南所称广告绝对化用语，是指《广告法》第九条第三项规定的情形，包括"国家级""最高级""最佳"以及与其含义相同或者近似的其他用语。

三、市场监管部门对含有绝对化用语的商业广告开展监管执法，应当坚持过罚相当、公平公正、处罚和教育相结合、综合裁量的原则，实现政治效果、社会效果、法律效果相统一。

四、商品经营者（包括服务提供者，下同）在其经营场所、自设网站或者拥有合法使用权的其他媒介发布有关自身名称（姓名）、简称、标识、成立时间、经营范围等信息，且未直接或者间接推销商品（包括服务，下同）的，一般不视为广告。

前款规定的信息中使用绝对化用语，商品经营者无法证明其真实性，可能影响消费者知情权或者损害其他经营者合法权益的，依据其他法律、法规进行查处。

五、有下列情形之一的，广告中使用绝对化用语未指向商品经营者所推销的商品，不适用《广告法》关于绝对化用语的规定：

（一）仅表明商品经营者的服务态度或者经营理念、企业文化、主观愿望的；

（二）仅表达商品经营者目标追求的；

（三）绝对化用语指向的内容，与广告中推销的商品性能、质量无直接关联，且不会对消费者产生误导的其他情形。

六、有下列情形之一的，广告中使用的绝对化用语指向商品经营者所推销的商品，但不具有误导消费者或者贬低其他经营者的客观后果的，不适用《广告法》关于绝对化用语的规定：

（一）仅用于对同一品牌或同一企业商品进行自我比较的；

（二）仅用于宣传商品的使用方法、使用时间、保存期限等消费提示的；

（三）依据国家标准、行业标准、地方标准等认定的商品分级用语中含有绝对化用语并能够说明依据的；

（四）商品名称、规格型号、注册商标或者专利中含有绝对化用语，广告中使用商品名称、规格型号、注册商标或者专利来指代商品，以区分其他商品的；

（五）依据国家有关规定评定的奖项、称号中含有绝对化用语的；

（六）在限定具体时间、地域等条件的情况下，表述时空顺序客观情况或者宣传产品销量、销售额、市场占有率等事实信息的。

七、广告绝对化用语属于本指南第五条、第六条规定情形，但广告主无法证明其真实性的，依照《广告法》有关规定予以查处。

八、市场监管部门对广告绝对化用语实施行政处罚，应当依据《广告法》等法律、法规，结合广告内容、具体语境以及违法行为的事实、性质、情节、社会危害程度及当事人主观过错等实际情况，准确把握执法尺度，合理行使行政处罚裁量权。

九、除本指南第五条、第六条规定情形外，初次在广告中使用绝对化用语，危害后果轻微并及时改正的，可以不予行政处罚。

十、商品经营者在其经营场所、自设网站或者拥有合法使用权的其他媒介发布的广告中使用绝对化用语，持续时间短或者浏览人数少，没有造成危害后果并及时改正的，应当依法不予行政处罚；危害后果轻微的，可以依法从轻、减轻行政处罚。

其他依法从轻、减轻或者不予行政处罚的，应当符合《中华人民共和国行政处罚法》等法律、法规以及市场监管总局《关于规范市场监督管理行政处罚裁量权的指导意见》的规定。

十一、有下列情形之一的，一般不认为属于违法行为轻微或者社会危害性较小：

（一）医疗、医疗美容、药品、医疗器械、保健食品、特殊医学用途配方食品广告中出现与疗效、治愈率、有效率等相关的绝对化用语的；

（二）招商等有投资回报预期的商品广告中出现与投资收益率、投资安全性等相关的绝对化用语的；

（三）教育、培训广告中出现与教育、培训机构或者教育、培训效果相关的绝对化用语的。

十二、市场监管部门可以依照有关规定，制定广告绝对化用语轻微违法行为依法免予处罚清单并进行动态调整。